“十四五”时期国家重点出版物出版专项规划项目

➤农业科普丛书➤

全生物降解地膜应用

严昌荣　吴　勇　何文清　靳　拓　刘　勤　等　编著

中国农业科学技术出版社

图书在版编目（CIP）数据

全生物降解地膜应用30问 / 严昌荣等编著. --北京：中国农业科学技术出版社，2023. 7

ISBN 978-7-5116-6352-8

Ⅰ. ①全…　Ⅱ. ①严…　Ⅲ. ①农用薄膜－生物降解－问题解答　Ⅳ. ①X712-44

中国国家版本馆CIP数据核字（2023）第126474号

责任编辑　金　迪
责任校对　贾若妍　李向荣
责任印制　姜义伟　王思文

出 版 者　中国农业科学技术出版社
　　　　　　北京市中关村南大街12号　　邮编：100081
电　　话　（010）82106625（编辑室）　（010）82109702（发行部）
　　　　　　（010）82109709（读者服务部）
网　　址　https: // castp.caas.cn
经 销 者　各地新华书店
印 刷 者　北京建宏印刷有限公司
开　　本　170 mm × 240 mm　1/16
印　　张　4.5
字　　数　78千字
版　　次　2023年7月第1版　　2023年7月第1次印刷
定　　价　36.00元

内容简介

为了加强农田地膜污染防控，向广大用户普及全生物降解地膜应用知识和技术，本书在广泛征求全生物降解材料、地膜相关专家及农业生态环境保护、农业技术推广一线工作人员意见的基础上编写。本书采用问答的形式，回答了关于全生物降解地膜应用的30个最基本、最关键的问题，主要内容包括全生物降解地膜和材料、主要作物全生物降解地膜覆盖栽培技术规程、全生物降解地膜应用评价。

本书适合作为农民培训教材和基层农技推广人员的参考书。

《全生物降解地膜应用30问》

编著人员

主 编 著： 严昌荣　吴　勇　何文清　靳　拓　刘　勤

副主编著： 高维常　刘宏金　薛颖昊　庄　严　张　浩

刘东生　孙发伟　马红菊　崔吉晓　邵明娜

张　雷　李　兰　潘　越　刘晓伟　高海河

编 著 者（按姓氏汉语拼音排序）：

陈广锋　崔吉晓　高海河　高维常　郝云凤

何文清　黄志强　贾　琰　靳　拓　李　兰

李　敏　李雪菲　林　跃　刘东生　刘宏金

刘慧颖　刘明成　刘　琪　刘　勤　刘晓伟

刘艳侠　马红菊　毛思帅　孟　莹　潘　越

邵明娜　孙源辰　王秋波　王　义　王　玉

吴德亮　吴　勇　徐友利　许丹丹　薛颖昊

严昌荣　尹君华　张　浩　张　雷　张录焱

张艳刚　张志刚　赵梓君　郑淑莹　周继华

周　龙　周　涛　庄　严

前　言

地膜覆盖技术是一项用人工方法改善农作物生长环境的栽培技术，可以起到明显的增温保墒杀草的作用，提高农田养分和水分利用率，最终达到作物增产稳产增效的效果。我国已成为全球地膜使用量最大的国家，国家统计局数据显示，地膜使用量从1993年的30.5万t增加到2021年的130.0万t，地膜覆盖面积从1993年的570万hm^2增长到2021年的1 730万hm^2，年均增速分别达到5.9%和4.8%。应用区域已从北方干旱少雨地区扩展到全国，覆盖作物种类从蔬菜单一经济作物扩大到玉米、马铃薯、水稻、棉花、加工番茄、烟草等大宗粮食和经济作物，使作物大面积增产20%～50%，为保障我国粮食安全、促进农民脱贫增收和加快农村经济发展发挥了不可替代的作用。然而，地膜不科学使用以及有效回收利用环节的缺失，特别是作物收获后地膜破碎严重、机械强度差，回收率较低，导致地膜残留污染日益严重，而且累积的残膜增加了农田微塑料污染风险。因全生物降解地膜具有与普通聚乙烯（PE）地膜相似的增温、保墒和防草效果，推广全生物降解地膜替代技术将是我国地膜残留污染综合治理的重要途径。

2015—2022年，农业农村部科技教育司领衔开展了全国不同典型类型区生物降解地膜试验评价和大面积示范，明确了不同种类全生物降解地膜在降解特性、增温保墒功能、防除杂草功效以及产量影响的差异，但是尚存在全生物降解地膜替代的适宜作物和适宜区域不清、作物全生物降解地膜技术规范缺乏等问题。本书采用问答的形式，回答了关于全生物降解地膜应用的30个最基本、最关键的问题，主要内容包括全生物降解地膜和材料、主要作物全生物降解地膜覆盖栽培技术规程、全生物降解地膜应用评价，为我国地膜污染防治和实现农业绿色发展提供科技支撑。

本书的撰写和出版得到了中国农业科学院农业环境与可持续发展研究所、全国农业技术推广服务中心、农业农村部农业生态与资源保护总站、中国农业科学院西部农业研究中心、贵州省烟草科学研究院、内蒙古自治区农牧业生态与资源保护中心、黑龙江省农业环境与耕地保护站、北京市农林科学院、开封市农村能源环境保护工作站、四川省农业生态资源保护中心、虎林市农业技术推广中心、玉溪师范学院、赤峰市红山区农牧水利局、农业农村部农膜污染防控重点实验室、中国农业生态环境保护协会等单位的大力支持。同时还要感谢国家重点研发计划项目（2021YFD1700700）、自然环境研究委员会-全球挑战研究基金塑料提案：降低发展中国家塑料废弃物的影响"农业微塑料污染能削弱经济不发达国家的粮食安全和可持续发展吗?（NE/V005871/1）"、中国烟草总公司科技项目（110202202030）、中德农业塑料升级管理项目（12.1003.8-264.01）、中央级公益性科研院所基本科研业务费专项（BSRF202314）等项目的资助。

本书在广泛征求全生物降解材料、地膜相关专家及农业生态环境保护、农业技术推广一线工作人员意见的基础上进行编写，但由于水平有限，书中难免有不足之处，请各位专家和读者给予批评和指正。

目 录

1问 我国农田地膜残留污染的解决之道在哪儿？

2020年9月1日起，农业农村部、工业和信息化部、生态环境部、国家市场监督管理总局等四部门联合颁布的《农用薄膜管理办法》开始实施，对农膜生产、销售、使用、回收、再利用及监管等环节予以规范。《农用薄膜管理办法》是为了加强农用薄膜监督管理，防治农膜污染，保护和改善农业生态环境，是落实《中华人民共和国土壤污染防治法》的有力举措。与2020年1月国家发展和改革委员会和生态环境部《关于进一步加强塑料污染治理的意见》中关于禁止销售厚度小于0.01 mm的聚乙烯农用地膜的要求一样，《农用薄膜管理办法》的发布实施再一次引起了社会对农膜残留污染问题的关注，地膜覆盖技术何去何从，农膜污染应该如何防治，出路何在？

本书根据已有的研究结果，提出一些看法和意见，希望回答关于这个问题的部分社会关切。

（一）地膜覆盖是我国农产品安全供应的关键举措之一，要客观认识地膜覆盖技术应用的重要性

我国每年农作物播种面积保持在24亿多亩（1亩≈667 m^2），主要作物覆膜面积最高年份近3.0亿亩（图1），农作物地膜覆盖比例在12.7%左右；其中烟草、大蒜和棉花种植中地膜覆盖技术应用比例较高，均超过70%，其次是加工番茄、向日葵、甜菜和蔬菜等，应用比例在25%～50%。玉米、杂粮和瓜果的地膜覆盖技术也得到大面积应用，应用比例超过10%。地膜覆盖技术能够大幅度提高农作物产量，一般作物增产在20%～30%，根据初步估算，我国地膜

覆盖技术使农作物增产所带来的直接经济效益在1 200亿～1 400亿元/年，地膜覆盖技术应用对我国农业生产和农产品安全供给的贡献应该得到充分肯定。

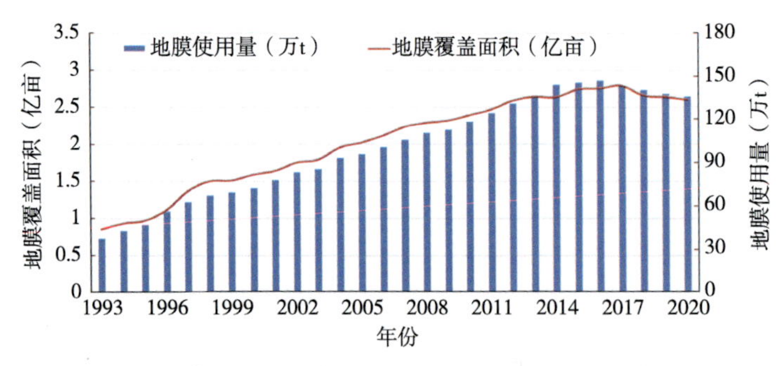

图1　我国地膜覆盖面积变化特征（数据来源：中国统计年鉴）

（二）农田地膜残留已对我国农业生产带来了直接危害和损失，须直面问题，寻找解决之道

目前，地膜残留已给局部地区的农业生产和环境造成了不利的影响甚至危害，尤其是新疆内陆棉区。主要体现在3个方面，首先是影响棉花播种作业，增加劳动力投入。在新疆棉花播种作业时，播种机后总要有人跟随处理残膜。据测定，在残膜污染严重的棉田，地膜残片进入播种机压土滚桶后会堵住出土口，导致播种后的天窗盖不上土。为了避免上述情况发生，一般播种机行走1 000 m左右时，就需要停下来对压土滚筒、压膜轮、开沟片和扶片上的残膜进行清理，防止和避免播种孔没有压土、残膜缠绕作业机具部件，严重影响播种作业效率和质量。其次增加农事作业工序，降低棉花产量水平。由于地膜残留，每年棉花收获后和第二年播种前需要进行地膜回收，每亩增加作业成本30元，新疆全区地膜回收作业需增加投入11.4亿元。同时，观测结果显示，长期覆膜棉田（30年以上）如果不进行地膜回收处理，棉花单产将下降5%以上。再次降低棉花产品质量，影响农民经济收入。残膜随着机械采收混入棉花，是造成新疆棉加工品质差、无法适应高端纺织需求的主要原因。依据国家标准《棉花细绒棉》（GB 1103—2007），皮棉异性纤维含量0.8 g/t为临界值，而目前新疆籽棉的地膜残片含量一般在2.0 g/t左右，经过机械和人工挑拣后，皮棉地膜残片含量一般在0.3～1.5 g/t，导致皮棉价格下降600～1 000元/t，部分残膜量太高导致皮棉处于完全无市场状态。

华北地区的花生因地膜残留造成的损失也日益严重。近年来，花生种植中采用地膜覆盖技术越来越普遍，尤其华北地区的山东省和河北省以及东北地区，地膜覆盖使花生单产增加20%～30%。地膜覆盖在提高花生单产的同时，收获后地膜残留也给花生秸秆利用带来不利影响。为了利用花生秸秆作为牲畜饲料，农民不得不进行去膜处理，每亩花生秧处理成本在30～50元。地膜残留导致花生秧质量降低，同时也加大了花生秸秆作为饲料的生产成本。

（三）我国农田农膜残留污染问题解决的出路在哪里

我国的地膜覆盖技术引自日本，那么日本等发达国家是如何处理这个问题的呢？他们的做法是否具有借鉴意义？通过调查了解发现，其他国家和地区地膜应用面积十分有限（约占作物面积10%），重点应用国家和地区是日本、韩国、欧洲、美国和南美洲等，以高厚度（20 μm以上）、高强度的地膜占绝对优势，应用对象主要是经济作物和蔬菜等，在大田粮食作物的应用面积很小。在覆膜作物收获后进行地膜回收是国际上通用的、强制性的做法，但处理方式存在差异。在日本，回收地膜是作为产业垃圾进行处理，对地膜使用者、处理者的权益进行了明确规定，即地膜使用者有使用地膜的权力，但也负有回收、清洗和交给处理企业的义务。农民部分付费让相关公益类企业或公司将用后地膜运走处理，政府需要对地膜回收处理给予一定比例的投入。在欧洲，大部分国家采用生产者有限度的责任延伸制，地膜使用者在用后需要对地膜进行回收处理，并堆放在田头，地膜生产者或委托企业，在政府资助下对地膜进行回收处理。

由于我国地膜覆盖技术应用的广泛性和模式的多样性，地膜残留污染防控面临着巨大挑战，全生物降解地膜替代将是地膜残留污染防控的关键措施，适合不同区域和特定作物的低成本全生物降解地膜将是未来的发展方向。此外，在满足农艺要求的同时，应对全生物降解地膜特性进行改进，使之与农艺措施有机匹配和结合。全生物降解地膜近几年发展势头良好，应用面积达到10万亩以上规模，特别是在一些特殊作物上，如新疆加工番茄、华北马铃薯和东北有机水稻生产中显示出良好的作用；同时，需要通过材料、工艺和应用模式的研究，突破全生物降解地膜产品和应用方面存在的一些瓶颈，实现对部分作物聚乙烯地膜的替代。

2问 全生物降解地膜应用前景怎么样？

地膜覆盖技术是一项用人工方法改善农作物生长环境的栽培技术，可以起到明显增温保墒杀草的作用，提高农田养分和水分利用率，最终达到作物增产、稳产增效的效果。然而，地膜不科学使用以及有效回收利用环节的缺失，特别是作物收获后地膜破碎严重、机械强度差，回收率较低，导致地膜残留污染日益严重，而且累积的残膜增加了农田微塑料污染风险。

我国农业生产中使用的农用薄膜的主要成分是线性低密度聚乙烯或低密度聚乙烯，分子结构非常稳定，因大量脱标地膜（不符合GB 13735—2017标准）仍被使用及有效回收利用环节的缺失，造成作物收获后难以回收而使残留地膜在土壤耕层中不断累积。多年来大量破碎地膜残留不同程度地破坏了农田耕层土壤结构，导致耕层土壤通透性降低，影响农事作业和导致播种质量下降，严重影响了水肥运移和作物生长发育，降低农作物产量。在地膜覆盖技术尚无法取代且缺乏有效残膜回收利用手段的前提下，由于全生物降解地膜具有与普通聚乙烯膜相似的增温、保墒效果，筛选和推广全生物降解地膜新产品将是未来我国地膜残留污染综合治理的重要技术途径。

全生物降解地膜替代PE地膜将是新型环境友好型地膜替代技术的主体。随着人们环境意识的增强、地膜回收法律法规的完善、农村劳动力缺失和回收人工投入成本上升，普通PE地膜回收和生物降解地膜的综合成本将会越来越接近，生物降解地膜替代普通PE地膜是地膜覆盖技术应用的必由之路，全生物降解地膜的应用前景良好。

3问 什么是全生物降解材料和全生物降解地膜?

全生物降解材料是指在自然界如土壤和/或沙土等条件下，和/或特定条件如堆肥化条件下、厌氧消化条件下或水性培养液中，由自然界存在的微生物作用引起降解，并最终完全降解变成二氧化碳和/或甲烷、水及其所含元素的矿化无机盐以及新的生物质材料。

全生物降解地膜是以全生物降解材料为主要原料制备的，用于农田土壤表面覆盖，具有增温保墒、抑制杂草等功能并能生物降解的薄膜，在自然界中能够通过微生物作用"完全生物降解"，降解最终产物为二氧化碳、水及其所含元素的矿化无机盐，对环境和土壤无污染。

日本生物降解塑料研究技术委员会将全生物降解地膜定义为"在自然界中通过微生物的作用可以分解成不会对环境产生恶劣影响的低分子化合物及其掺混物"。根据主要原料可以分为天然生物质为原料的全生物降解地膜和石油基为原料的全生物降解地膜（严昌荣等，2016）。天然生物质如淀粉、纤维素、甲壳素等，通过对这些原料改性、再合成形成全生物降解地膜的生产原料。淀粉作为主要原料的地膜按照降解机理和破坏形式又可分为淀粉添加型不完全生物降解地膜和以淀粉为主要原料的完全生物降解地膜。添加型生物降解地膜是用PE塑料中添加具有生物降解特性的天然或合成聚合物等混合制成的原料，再添加相溶剂、抗氧化剂和加工助剂等吹制而成，不属于完全生物降解的地膜。以淀粉为原料生产的完全生物降解地膜主要是通过发酵生产乳酸，乳酸经过再合成形成聚乳酸（PLA），以聚乳酸为主要原料生产的地膜。另一类重要的天然物质是以纤维丝为原料生产的地膜，通过对纤维素醚化、酯化以及氧化成酸、醛和酮后制成地膜，可完全降解。以石油基为原料的生物降解地膜生产主要包括二元酸二元醇共聚酯（PBS、PBAT等）、聚羟基烷酸酯（PHA）、聚己内酯（PCL）、聚羟基丁酸酯（PHB）、二氧化碳共聚物-聚碳酸亚丙酯（PPC）等。这些高分子物质在自然界中能够很快分解和被微生物利用，最终降解产物为二氧化碳和水。

20世纪80年代初，英国发现β-羟基丁酸酯（PHB）提取和纯化方法并制成薄膜，生产出最早的降解薄膜，但PHB抗冲击强度和耐溶性较差，不能真正用于农业生产。我国的聚羟基烷酸酯（PHA）的研究始于20世纪80年代，上海有机所和天津大学采用化学法对PHB共聚物合成进行探索，也有人开始利用植物的叶子或根来生产PHBV，由于PHBV自身一些固有缺陷（脆性等）、成本高和价格昂贵限制了其作为地膜的应用。目前开发的用于生物降解地膜生产的材料主要包括：淀粉进行发酵成乳酸，再聚合成完全生物降解的聚乳酸（PLA）；由丁二酸和丁二醇聚合而成的聚丁二酸丁二醇酯（PBS）；二氧化碳和环氧丙烷共聚生成的聚碳酸亚丙酯（PPC）以及由β-己内酯在催化剂作用下开环聚合生成的聚己内酯（PCL）等（图2）。

PBAT　　PLA　　PPC

图2　全生物降解材料

在世界范围内，欧洲和日本是生物降解材料、技术和生物降解地膜研发和应用最先进的国家和地区。随着生物降解材料和加工工艺进步，生物降解地膜应用越来越广泛，主要用于园艺和蔬菜生产方面。目前，日本和欧洲生物降解地膜在地膜市场的份额不断上升，已达到了10%左右，局部区域的应用比例更高，如日本四国地区蔬菜种植中生物降解地膜应用比例已超过20%。

2015年以来，农业农村部在全国不同典型类型区开展了全生物降解地膜试验评价和示范推广工作，建立了由农业农村部牵头组织、科研院所和大学技术支撑、企业产品研发、社团宣传培训、农民合作社和种植大户示范推广的“双向反馈、多方协作、多点衔接”的联合工作新机制，有效破除了材料化工行业、技术研发研究和技术应用推广以及各自封闭运行和产需信息不对称等机制障碍，生物降解地膜的试验示范和应用取得很大进步（图3）。

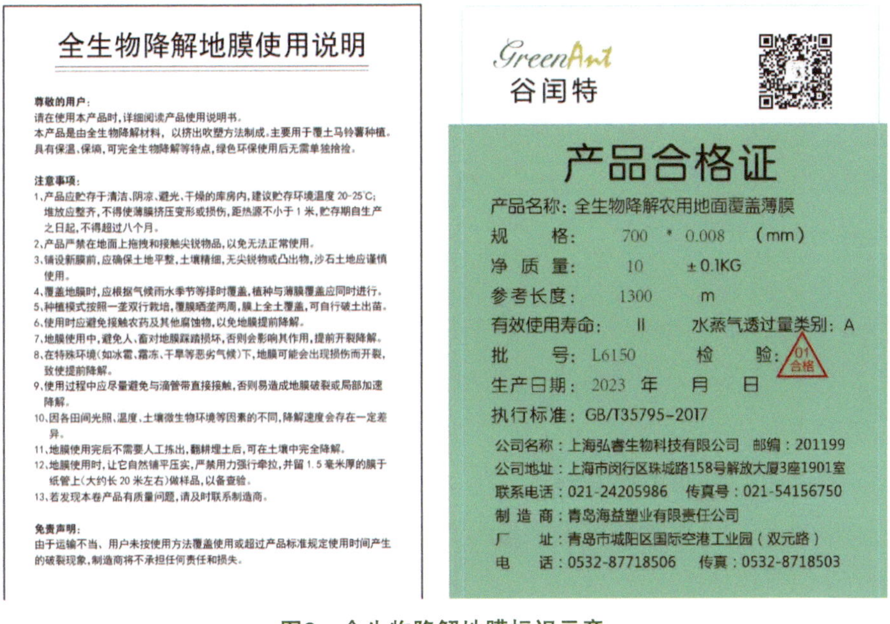

全生物降解地膜使用说明

尊敬的用户：
请在使用本产品时，详细阅读产品使用说明书。
本产品是由全生物降解材料，以挤出吹塑方法制成。主要用于覆土马铃薯种植。具有保温、保墒，可完全生物降解等特点，绿色环保使用后无需单独捡拾。

注意事项：
1、产品应贮存于清洁、阴凉、避光、干燥的库房内，建议贮存环境温度20-25℃；堆放应整齐，不得使薄膜挤压变形或损伤，距热源不小于1米，贮存期自生产之日起，不得超过八个月。
2、产品严禁在地面上拖拽和接触尖锐物品，以免无法正常使用。
3、铺设新膜前，应确保土地平整，土壤精细，无尖锐物或凸出物，沙石土地应谨慎使用。
4、覆盖地膜时，应根据气候雨水季节等择时覆盖，植种与薄膜覆盖应同时进行。
5、种植模式按照一垄双行栽培，覆膜晒垄两周，膜上全土覆盖，可自行破土出苗。
6、使用时应避免接触农药及其他腐蚀物，以免地膜提前降解。
7、地膜使用中，避免人、畜对地膜踩踏损坏，否则会影响其作用，提前开裂降解。
8、在特殊环境（如冰雹、霜冻、干旱等恶劣气候）下，地膜可能会出现损伤而开裂，致使提前降解。
9、使用过程中应尽量避免与滴管带直接接触，否则易造成地膜破裂或局部加速降解。
10、因各田间光照、温度、土壤微生物环境等因素的不同，降解速度会存在一定差异。
11、地膜使用完后不需要人工拣出，翻耕埋土后，可在土壤中完全降解。
12、地膜使用时，让它自然铺平压实，严禁用力强行牵拉，并留1.5毫米厚的膜于纸管上（大约长20米左右）做样品，以备查验。
13、若发现本卷产品有质量问题，请及时联系制造商。

免责声明：
由于运输不当、用户未按使用方法覆盖使用或超过产品标准规定使用时间产生的破裂现象，制造商将不承担任何责任和损失。

GreenAnt
谷闰特

产品合格证
产品名称：全生物降解农用地面覆盖薄膜
规　　格：700 * 0.008 （mm）
净 质 量：10 ±0.1KG
参考长度：1300 m
有效使用寿命：Ⅱ　水蒸气透过量类别：A
批　　号：L6150　检　　验：01 合格
生产日期：2023 年　月　日
执行标准：GB/T35795-2017
公司名称：上海弘睿生物科技有限公司　邮编：201199
公司地址：上海市闵行区珠城路158号解放大厦3座1901室
联系电话：021-24205986　传真号：021-54156750
制 造 商：青岛海益塑业有限责任公司
厂　　址：青岛市城阳区国际空港工业园（双元路）
电　　话：0532-87718506　传真：0532-8718503

图3　全生物降解地膜标识示意

4问 全生物降解材料PBAT从哪里来？

聚己二酸/对苯二甲酸丁二酯［Poly（butyleneadipate-co-terephthalate），PBAT］属于热塑性生物降解柔性塑料，是由丁二醇和对苯二甲酸单体组成的刚性对苯二甲酸丁二醇酯链段（BT链段），而柔韧的己二酸丁二醇酯部分（BA部分）则是由1.4丁二醇和己二酸单体组成。因此PBAT既具有脂肪族聚酯良好的生物可降解性和柔韧性，也具有芳香族聚酯的良好力学性能、抗冲击性能和耐热性，同时分子链中的苯环使得PBAT具有良好的热稳定性以及耐水性，特别适合用来制作薄膜类产品。

PBAT是一种半结晶型聚合物，通常玻璃化转变温度在-30℃附近，而熔点在110～115℃，密度为1.18～1.3 g/cm^3。加工性能方面，PBAT具有较高的拉伸强度和断裂伸长率，但是，PBAT自身过于柔韧，弹性模量小，制成的薄膜制品的刚性挺度差。

5问 全生物降解材料PLA从哪里来？

聚乳酸（polylactic acid，PLA）也称聚丙交酯，是以植物淀粉发酵的乳酸为单体聚合而成的生物可降解型聚酯材料，具有良好的机械强度和生物相容性，对环境无刺激性、无毒无害，降解的最终产物是可以被植物吸收利用的二氧化碳和水。

聚乳酸的生产主要有两种方法：①将玉米、甘蔗、甜菜等原料经过发酵工艺制成乳酸，再将乳酸在催化剂的作用下反应生成丙交酯，最后将丙交酯开环聚合制备得到聚乳酸；②在溶剂存在的条件下将乳酸进行缩合脱水反应，这样可以直接生成具有高分子质量的PLA。聚乳酸原料主要来源于农作物生物发酵，具有可再生性，能够有效摆脱石油资源短缺的束缚。

聚乳酸具有较高的弹性模量、力学强度以及生物相容性，其热性能和力学性能也优于同类脂肪族聚酯，然而，PLA的力学性能和结晶行为非常依赖于骨架的分子量和立体化学。在农业地膜生产上，聚乳酸较大的脆性和刚性反而成为了其最大的缺点。在负载作用下聚乳酸具有较低的韧性，断裂伸长率仅为3.8%，因而无法单独用于制备生物降解地膜。

6问 全生物降解材料PPC从哪里来？

聚碳酸亚丙酯（polypropylene carbonate，PPC）是由环氧丙烷和二氧化碳通过共聚反应合成的一种新型可生物降解聚合物，属于典型的化学合成型全生物降解材料。由于PPC的合成工艺可以减少温室气体的含量并且节省珍贵的化石原料，因此PPC引起了人们越来越多的研究兴趣。

PPC属于憎水性树脂，分子间结构紧密，水分子难以穿过，因此具有高阻水性。此外，PPC还具有良好的延展性以及较低的生产成本，在薄膜包装领域有着很大的应用前景。PPC与芳香族聚碳酸酯（PC）在化学性质上有着本质不同，其分子链结构在自然环境下可稳定存在，但掩埋至土壤中会被微生物完全降解，并且产物主要为二氧化碳和水，对于环境不造成任何危害。一般情况下，当PPC分子量在5万左右时，将PPC掩埋至土壤中，可在6～18个月内完全降解。

7问 目前全生物降解材料产能怎么样？

截至2022年底，全球生物降解塑料产能在120万t左右，年增长率超过20%，且性能提高、成本降低，市场竞争力持续增强。全球PLA产能约28万t/年，我国PLA产能10万t/年，主要生产企业有美国NatureWorks公司和荷兰Total Corbion公司，国内的生产企业有安徽丰原集团有限公司、浙江海正生物材料股份有限公司、河南金丹乳酸科技股份有限公司。PHA生产企业主要有日本Kaneka公司、巴西Biocycle公司和德国Biomers公司等，国内有宁波天安有限公司。全球石油基生物降解材料（PBAT、PBS、PBSA）产能超40万t/年，其中我国占50%，主要生产企业有德国BASF（巴斯夫）、日本昭和电工株式会社和三菱化学株式会社，此外还有法国Limagrain（利马格兰）、意大利Novamont（诺瓦蒙特），国内主要有金发科技股份有限公司、新疆蓝山屯河化工股份有限公司、金晖兆隆高新科技有限公司、杭州鑫富科技有限公司等企业。PPC作为一种新型生物降解材料，在研发和应用方面我国均居领先地位，产能5万t/年，国内主要有河南天冠生物工程科技有限公司、江苏中科金龙化工有限公司等。

8问 全生物降解地膜与其他类型降解地膜的区别？

目前市场上降解地膜类型主要分为全生物型和添加型降解地膜。全生物降解地膜最终降解产物对环境无污染。添加型降解地膜是指在传统聚乙烯地膜生产过程中添加具有生物降解特性的天然或合成聚合物等混合制成，它不属于完全生物降解的地膜。添加具有生物降特性的天然或合成聚合物以改变地膜特性，使聚乙烯在自然环境中会被氧化产生“崩解”，其降解最终产物对环境是否有危害以及是否增加微塑料污染风险还处于实验室研究阶段。目前主流观点是不宜大面积推广添加型生降解地膜。

9问 全生物降解地膜与普通聚乙烯地膜有什么区别？

（一）原材料不同

全生物降解地膜以全生物降解材料为主要原料制备，在自然界中能够通过微生物作用“完全生物降解”，降解最终产物为二氧化碳、水及其所含元素的矿化无机盐，对环境和土壤无污染。根据主要原料可以分为天然生物质为原料的全生物降解地膜和石油基为原料的全生物降解地膜。天然生物质如淀粉、纤维素、甲壳素等，通过对这些原料改性、再合成，形成全生物降解地膜的生产原料。以石油基为原料的生物降解地膜生产主要包括二元酸二元醇共聚酯（PBS、PBAT等）、聚羟基烷酸酯（PHA）、聚己内酯（PCL）、聚羟基丁酸酯（PHB）、二氧化碳共聚物-聚碳酸亚丙酯等。

普通聚乙烯地膜的主要成分是线性低密度聚乙烯（LLDPE）或低密度聚乙烯（LDPE），线性低密度聚乙烯是乙烯与少量α-烯烃共聚形成在线性乙烯的主链上，带有非常短小的共聚单体支链的分子结构，为无毒、无味、无臭的乳白色颗粒，密度为0.92～0.94 g/cm^3。低密度聚乙烯，又称高压聚乙烯，分子结构呈现非晶态，由于分子链之间存在大量的支链，使得分子间的相互作用较弱，因此具有较低的密度和较高的柔韧性，密度为0.91～0.93 g/cm^3。

（二）功能有差异

试验结果显示，大部分生物降解地膜的增温保墒功能与普通PE地膜相比还是存在一定的差异，10 μm厚度生物降解地膜与10 μm厚的PE地膜覆盖的土壤温度存在显著不同，在没有作物冠层遮盖条件下，除11:00至16:00，两者的增温效果相同外，其余时间均是PE地膜覆盖土壤温度高于生物降解地膜覆盖的。利用模拟试验进行的水分保持试验结果也显示，生物降解地膜在保水性方面明显逊于PE地膜。

（三）适用范围不同

1978年地膜覆盖技术从日本引入中国，最早应用于蔬菜种植，应用区域已从北方干旱、半干旱区域扩展到南方的高海拔山区，覆盖作物种类也从经济作物扩大到几乎所有的作物，聚乙烯地膜可以说做到了“一膜打天下”。

目前我国推广全生物降解地膜难点不少，比如价格高于聚乙烯地膜2～3倍，某些产品功能还达不到聚乙烯地膜的水平，仍然有待进一步研发完善，全生物降解地膜有适宜地区和适宜作物，并配套合适的农艺技术和应用模式加以推广。

（四）用后处理方式不一样

使用普通聚乙烯地膜种植的地块，待作物收获后必须采用人工或机械进行地膜回收，如果作物秸秆用来堆肥（如马铃薯、大棚蔬菜）或者用来做饲料的话（如花生秸秆），需要先把聚乙烯地膜分离出来。使用全生物降解地膜种植的地块，待作物收获后无须进行地膜回收，如果作物秸秆用来堆肥或者做饲料的话，不需要把地膜分离出来，减少了回收作业工序，节省回收地膜人工费用，而且生物降解地膜降解碎片需要借助翻耕翻入土壤，加快生物降解地膜降解碎片降解。

10问　全生物降解地膜的国家标准是什么？

国家质量监督检验总局、国家标准化管理委员会于2017年12月29日发布了《全生物降解农用地面覆盖薄膜》（GB/T 35795—2017）国家标准，该标准已于2018年7月1日起实施，要求生产企业生产销售达标的农用地膜产品。

《全生物降解农用地面覆盖薄膜》（GB/T 35795—2017）主要包括7个方面的内容。

（1）标准对全生物降解材料的概念进行了解读。

（2）根据不同气候条件下、不同作物对薄膜覆盖时间要求不同，对地膜的有效使用寿命进行了分类，根据产品在作物覆盖中的使用天数分为四类：第一类≤60天，第二类60～90天，第三类90～120天，第四类≥120天。

（3）对地膜的膜卷要求、力学性能、透气指标、重金属含量、生物降解性能、老化性能等多项指标进行了规定。

（4）要求每卷全生物降解地膜应附有产品合格证，合格证内容包括：产品名称、类别（水蒸气透过量类别、有效使用寿命）、宽度、厚度、参考长度、净质量、生产日期、生产厂名、生产厂地址、执行标准等。

（5）对运输条件进行了规定，在运输和装卸过程中不应使用铁钩等锐利工具，不可抛掷；运输时，不得在阳光下暴晒或雨淋，不得与沙土、碎金属、煤炭及玻璃等混合装运，不得与有毒及腐蚀性或易燃物混装。

（6）对贮存条件进行了规定，产品应在清洁、干燥、阴凉的库房内堆放整齐，严禁暴晒。

（7）对贮存期的严格规定，产品自生产之日起贮存期为8个月。

11问 如何快速鉴别全生物降解地膜？

（一）密度法

通过物质的密度不同进行分离的方法。借助剪刀将普通聚乙烯地膜和待鉴别的地膜样品分别裁成A4纸大小，放入盛满清水的烧杯或脸盆中，静止3～5 min后进行观察，如果待鉴别的地膜样品沉入水底，则判定为全生物降解地膜，如果待鉴别的地膜样品和普通聚乙烯地膜保持上浮状态，则判定为非全生物降解地膜。

（二）燃烧法

借助剪刀将待鉴别的地膜样品分别裁成A4纸大小，用煤气火焰（例如打火机）点燃一小块样品，如果样品会持续燃烧，有烟，且具有烧蜡烛的味道，可以判定地膜样品为非全生物降解地膜；如果样品燃烧过后不会产生恶心的异味，也不会有黑烟，可以判定地膜样品为全生物降解地膜。

12问 全生物降解地膜的“五性”是什么?

生物降解地膜成功应用，取决于产品的“五性”和配套的农艺措施，所谓“五性”是指：

（一）安全性

产品本身没有对环境不友好的成分，降解产物最终是二氧化碳和水。

（二）操作性

产品要具有一定机械强度，满足覆膜机作业要求，不存在断裂和粘连等情况。

（三）功能性

指产品要具有增温、保墒和杂草防除等性能，尤其在北方地区要能基本满足作物增温、保墒需求。

（四）可控性

能够适应不同地区及作物对覆盖时间的要求，实现降解的可控可调。

（五）经济性

产品成本需要随材料、配方和生产工艺的改进完善逐渐降低，缩小与聚乙烯地膜之间成本的差距。

13问 全生物降解地膜购买储存应注意什么？

（一）购买选择

不同于传统PE地膜可以“一膜打天下”，全生物降解地膜的使用有区域和作物的差异化特征。不同作物对地膜功能要求不同，不同地域的气候土壤条件不同，全生物降解地膜要适应当地作物的农艺措施。所以全生物降解地膜在购买时需明确本地农艺措施的要求。

（二）购买时期

全生物降解地膜应“一季一买”，尽量不储存太长的时间，市面上全生物降解地膜的保质期在半年至一年。储存时应放于避光干燥的环境中，可以减缓全生物降解地膜的自然老化过程。

（三）货物转运

在运输和装卸过程中不应使用铁钩等锐利工具，不可抛掷；运输中不得在阳光下暴晒或雨淋，不得与沙土、碎金属、煤炭及玻璃等混合装运，不得与有毒及腐蚀性或易燃物混装。

14问 全生物降解地膜怎么选择使用？

（一）从生物降解地膜的颜色上考虑

北方地区和南方高海拔地区以增温、保墒为第一需求的作物，宜选择无色生物降解地膜，如鲜食玉米、甜菜、部分花生、大棚蔬菜、棉花等；全国范围以防草为主要需求的作物，宜选择黑色生物降解地膜，如新疆加工番茄、东北有机水稻、旱直播水稻、春播马铃薯和南方瓜果蔬菜等（图4）。

（二）从生物降解地膜厚度上考虑

短季节作物可以选择厚度低于0.01 mm的生物降解地膜，如新疆甜菜、露地叶菜等；长季节作物可以选择厚度0.012 mm的生物降解地膜，如南方瓜果、温室大棚落蔓番茄、茄子等；常规作物选择常规厚度0.01 mm的生物降解地膜。

（三）从生物降解地膜幅宽和卷重上考虑

根据当地覆膜方式、农机具类型和地块大小具体选择，如新疆加工番茄种植对生物降解地膜通常要求为125 cm（幅宽）×0.01 mm（厚度）×20 kg/卷。

A. 内蒙古自治区扎赉特旗旱直播水稻
全生物降解地膜覆盖栽培

B. 新疆维吾尔自治区昌吉回族自治州
加工番茄全生物降解地膜覆盖栽培

C. 贵州省安顺市烟草全生物降解
地膜覆盖栽培

D. 山东省寿光市大棚黄瓜全生物降解
地膜覆盖栽培

图4　不同地区全生物降解地膜覆盖栽培场景

15问 全生物降解地膜降解主要过程是怎么样的？

全生物降解地膜在使用过程中，主要分为环境降解和微生物降解两部分。开始先以环境降解为主，环境降解开始以后，生物降解才能较为充分地展开；环境降解较慢时，生物降解会更加缓慢。

（一）环境降解

环境降解又称为物理降解或者崩解。紫外线、环境温度以及环境水分是影响环境降解最主要的3个因素。

在农田生物降解地膜覆盖完成之后，随着作物的生长，生物降解地膜会受到太阳紫外线强度、空气温度和湿度的共同影响发生降解现象，具体表现为地膜发脆、破裂、变软、增硬和丧失力学强度等。

（二）生物降解

当全生物降解地膜经过或正在进行环境降解时，已有部分高分子环境降解成为较低分子量的成分，微生物便可以加速和它们发生作用。特别是全生物降解地膜用后经翻耕后，微生物产生的酶对分子链发生作用，不断破坏分子链并最终使其分解为二氧化碳、水和少量的生物质（图5）。由于温度和湿度会影响微生物的活性，进而同样会影响膜降解的速度，这一趋势和上述环境降解类似。

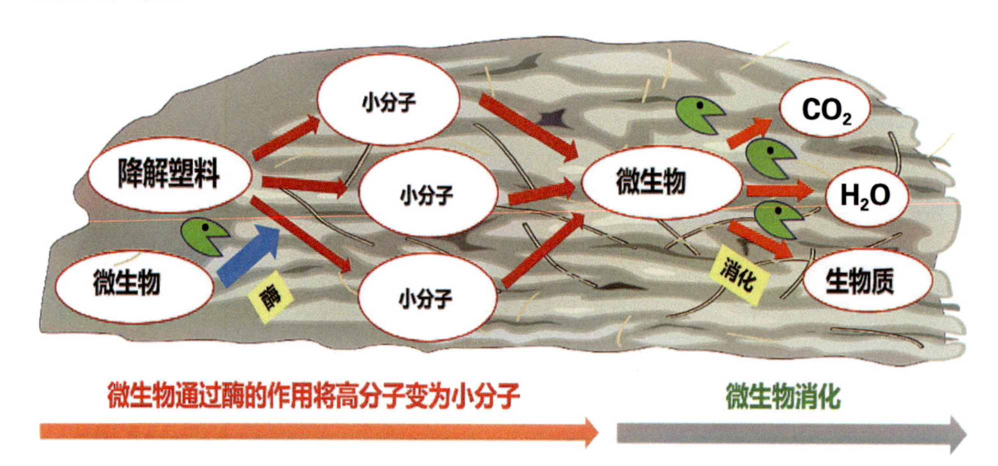

图5　生物降解地膜降解过程（上海弘睿生物科技有限公司提供）

合格的全生物降解地膜经历过环境降解和土壤微生物降解后，最后产生二氧化碳、水、无机成分和少量生物质。整个过程在6个月至2年之间完成，视不同地区及使用条件而有差异。

16问 全生物降解地膜降解主要受哪些因素影响？

（一）紫外线强度

紫外线强度高，高分子链快速断裂，降解地膜使用一段时间后便开始碎裂，快速进入碎裂期。

（二）环境温度

环境温度会影响高分子链的运动快慢，由于主材料PBAT的玻璃化转变温度在-30℃附近，因此，在冬春季温度较低，高分子链运动缓慢，活性较低，降解较慢；在夏秋季，高分子链运动较快，适合断裂及降解的活性点会增多。

（三）环境水分

水分需要和温度配合才能引发较好的环境降解效果。在纯水和沙地中，降解地膜降解较缓慢，当在水中加入一定量的土壤，降解地膜会快速降解。

（四）土壤微生物

细菌、真菌和放线菌等微生物侵蚀塑料薄膜后，由于细胞的增长使聚合物组分水解、电离或质子化，发生机械性破坏，分裂成低聚物碎片。同时，真菌或细菌分泌的酶会使水溶性聚合物分解或氧化降解成水溶性碎片，生成新的小分子化合物，直至最终分解成水和二氧化碳，从而使生物降解地膜降解。

17问 全生物降解地膜应用注意事项是什么?

(一)地块选择

应选择排灌方便、水源充足、土壤结构疏松的地块，地床平坦或略有弧度。

(二)品种选择

根据用途和市场选择适合的高产优质抗病的品种，并综合考虑播种时间、土地类型及施肥管理水平等因素，选择生育期适宜、抗性好和商品性好的品种。

(三)整地起畦

根据播种时墒情适当深耕整地，清除土壤中的作物残余和石头，土面平整，避免铺设过程中地膜过早破损。应在土壤含水量适宜时整地，一般用大中型旋耕机旋耕1次以上，可将有机肥随旋耕作业施入土壤，避免地膜直接接触有机肥。

（四）覆膜

铺设时地膜张紧适度、紧贴土床，可每隔2～3 m压盖适量土壤防风。

（五）灌溉

使用滴灌系统，铺设地膜时须尽量避免长期与滴灌带接触，引起地膜过早降解。在干旱地区，可适当增加灌溉频次和灌溉量。

（六）后期处理

种植结束后，应确保全生物降解地膜融入土壤，并保持埋藏状态，以便降解。

18问 北方设施草莓全生物降解地膜覆盖栽培技术规程

（一）种植前准备

1.品种和种苗

（1）品种

选择适应性广、抗病虫能力强、休眠浅、丰产早熟、品质优、商品性好、较耐贮运的品种。

（2）种苗

选择品种纯正、健壮、无病虫害、具有4片以上功能叶，新茎粗0.8 cm以上，根系发达的种苗。

2. 土地准备

（1）整地

清除草莓和其他作物残体，破畦，耙平土壤。

（2）土壤绿色消毒

6月中下旬，采用“活性炭+太阳辐射膜”方法进行土壤消毒。消毒前，对土壤进行充分灌溉，田间持水量在80%左右。选用椰壳活性炭，粒径大小为200目，施用量为30 g/m^2，将活性炭均匀地喷施在土壤表层。选择具有高聚热能的太阳辐射膜进行覆盖。

3. 施基肥

采用测土配方施肥，肥料使用按照NY/T 496的规定执行，用旋耕机深旋耕施入土壤，具体施肥量为：

（1）土壤有机质含量为20～30 g/kg时

撒施充分腐熟的农家肥1 000～2 000 kg/亩；根据产品说明撒施商品有机肥500～1 000 kg/亩。

（2）土壤有机质含量小于20 g/kg时

撒施充分腐熟的农家肥1 000～2 000 kg/亩；根据产品说明撒施商品有机肥500～1 000 kg/亩，及N：P：K（15：15：15）复合肥20～40 kg/亩。

4. 起垄

定植前7～10天起垄，垄距80～100 cm。垄台高35～40 cm，上宽40～50 cm，下宽60～70 cm。定植前1～2天，垄面保持湿润状态。

5. 全生物降解地膜选择

选择厚度为0.012 mm以上的黑色全生物降解地膜，安全期在120天以上，黑色透光率在5%以下，最大拉伸负荷（纵/横）均在1.5 N以上，初始透湿率为400 g/（m^2·24 h）以下。

（二）定植

1. 定植时间

8月下旬至9月中旬完成定植。

2. 种苗整理

定植前去除黄叶和病叶，按种苗新茎粗细分开定植。

3. 定植方式

采取双行“丁”字形交错定植，植株距垄边10～15 cm，株距18～25 cm，小行距20～30 cm。定植保留密度为6 000～8 000株/亩。

（三）栽培管理

1. 温湿度管理

（1）覆盖棚膜

10月中下旬，外界空气最低气温降到8～10℃时，覆盖棚膜。

（2）覆盖地膜

覆盖棚膜7～10天后，垄面和垄沟全部覆盖全生物降解地膜。盖膜后人工破膜提苗。人工破膜时膜洞不宜太大，同时减少因人为过度踩踏造成生物降解地膜物理损伤（图6）。

图6　北京市昌平区设施草莓全生物降解地膜覆盖栽培（北京市农业技术推广站周继华提供）

（3）温湿度管理

依据草莓不同生育阶段进行温湿度管理。适宜草莓生长的温湿度指标参照DB11/T 821—2021。

2. 水肥管理

（1）水分管理

采用膜下滴灌，定植时浇透水。

（2）滴灌追肥

肥料使用按照NY/T 496的规定执行，开花后7～10天追肥1次，每次2～3 kg/亩。肥料中氮磷钾应合理搭配，适量补充微量元素。

3. 植株管理

（1）摘叶

及时清除老叶和病叶。开花结果期，随植株长势，每株保留8～15片功能叶。

（2）去侧芽

在顶花序抽生后，每株选留1～2个方位且粗壮的新芽。

（3）除匍匐茎

在植株的整个发育过程中，及时去除匍匐茎。

（四）病虫害防治

1. 主要病虫害

主要病害包括白粉病、灰霉病、炭疽病、根腐病、枯萎病、线虫病等；主要虫害包括螨类、蚜虫、蓟马等。

2. 农业防治措施

选用抗病虫性强的品种，及时清除病株、病叶和病果并进行无害化处理；合理调控温湿度。

3. 物理防治措施

覆盖地膜后，悬挂黄色粘虫板、诱杀蚜虫；悬挂蓝色粘虫板，诱杀蓟马。

（五）果实采收

果实表面着色80%以上，即可采收，轻摘缓放。

（六）废弃物处理

草莓采收期结束后，回收滴灌带、草莓秧、其他植物残体和生物降解地膜全部可用于异位堆肥（图7）。

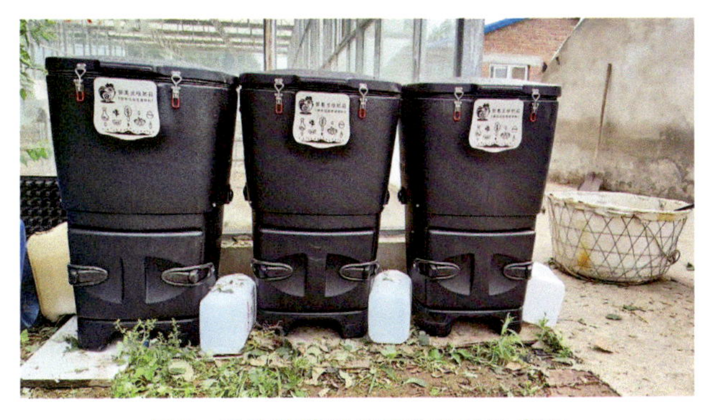

图7　设施草莓种植废弃物异位堆肥

19问 加工番茄全生物降解地膜覆盖栽培技术规程

（一）种植前准备

1. 选地

选取西北内陆灌溉农田种植加工番茄。

2. 品种和种苗

选择单果重70～75 g、番茄红素含量大于13 mg/100 g、可溶性固形物大于5.3%的加工番茄品种。

3. 整地与施肥

覆盖地膜前一周对灌溉农田进行翻耕，翻耕的深度为20～30 cm。翻耕的同时施加工番茄专用基肥，施肥量为：氮肥16 kg/亩、磷肥20 kg/亩、钾肥16 kg/亩。

4. 全生物降解地膜选择

选择厚度为0.01 mm以上的黑色全生物降解地膜，安全期在70天以上，黑色透光率在5%以下，最大拉伸负荷（纵/横）均在1.5 N以上，初始透湿率为400 g/（m^2·24 h）以下。

（二）覆膜移栽

1. 覆膜

在4月中旬，在灌溉农田中利用覆膜机械每隔30 cm覆盖一条生物降解地膜，覆膜宽为125 cm，覆膜同时起垄，垄高5 ~ 10 cm，垄宽150 cm，生物降解地膜外周边缘采用机械覆盖，膜上进行机械覆土，并且膜下跟铺一条滴灌带（图8）。

图8　新疆维吾尔自治区昌吉回族自治州加工番茄全生物降解地膜覆盖栽培

2. 滴灌

人工移栽前进行滴灌，滴灌量20 ~ 30 m^3/亩；

3. 移栽

在灌溉农田的土壤含水量为18% ~ 22%、土壤温度≥10℃时进行移栽，移栽的加工番茄秧苗带有营养基质，每孔1株，移栽的时间为4月中下旬，每垄种植2行，株距30 cm，行距25 cm（图9）。

图9　新疆维吾尔自治区昌吉回族自治州加工番茄移栽

（三）栽培管理

1. 中耕

在6月初，用机械对垄间进行中耕1次，以对垄间进行松土和除草。

2. 灌溉施肥

从6月1日开始，每周进行1次水肥一体化膜下滴灌，共进行9次滴灌施肥，施用量为20～30 m^3/亩，施肥量：氮肥20～25 kg/亩、磷肥20～25 kg/亩、钾肥25 kg/亩。

（四）果实采收

果实达到坚熟期，全部着色，即可采收（图10）。

图10　新疆维吾尔自治区昌吉回族自治州加工番茄收获

20问 春播马铃薯全生物降解地膜覆盖栽培技术规程

（一）种植前准备

1. 地块选择

选择地势平坦、土层深厚、土壤理化性状良好、保水保肥能力较强的地块。

2. 整地与施肥

对农田进行翻耕，翻耕的同时施肥，然后起垄；其中，翻耕深度为20～30 cm；起垄时，垄下底宽90～100 cm，垄上面宽30～40 cm，垄高20～30 cm。施用马铃薯专用基肥，每公顷施氮肥180 kg、磷肥70 kg、钾肥80 kg。

3. 全生物降解地膜选择

生物降解地膜的选择应该符合《全生物降解农用地面覆盖薄膜》（GB/T 35795—2017）的相关要求，选择厚度为0.01 mm的无色全生物降解地膜，安全期在70天以上，最大拉伸负荷（纵/横）均在1.5 N以上，初始透湿率为800 g/（m^2·24 h）以下。

（二）覆膜播种

1. 覆膜铺管

在每垄上机械覆生物降解地膜，周边用土壤覆盖，并每隔3～5 m在地膜中间压土，防止风将地膜吹起。滴灌管沿着垄的长度方向布设于垄面中部（图11）。

图11　内蒙古自治区马铃薯全生物降解地膜覆盖栽培
（内蒙古自治区农牧业生态与资源保护中心刘宏金提供）

2. 播种

在农田的土壤含水量为18%～22%、土壤温度≥10℃时播种，播种的时间为2月中下旬，每垄种植两行，株距35 cm。同时喷洒除草剂。

3. 覆土

播种20天左右，一般3月中旬在地膜上覆一层3～5 cm的土壤，实现马铃薯幼苗自动破膜出土。

注意掌握好再覆土的时间，重点是观察马铃薯发芽情况，过早再覆土会影响太阳辐射进入土壤，降低地膜增温性，过晚会导致马铃薯幼苗无法自动破膜，需要增加人工掏苗，降低马铃薯出苗率。

（三）栽培管理

1. 中耕除草

在4月中下旬，用机械对垄间进行中耕1次，以对垄间进行松土和除草（图12）。

图12　内蒙古自治区马铃薯全生物降解地膜中耕

2. 灌溉追肥

马铃薯生育期内，应根据该地区降水量及地面水分蒸发情况，适时进行灌溉，一般生育期内灌溉5次，每次灌水量20～30 m^3/亩。

在5月上旬及6月上旬，分别进行2次追肥，2次施肥分别为每公顷氮肥90 kg、钾肥150 kg、磷肥80 kg和氮肥96 kg、钾肥216 kg、磷肥80 kg。

3. 病虫害防治

覆盖生物降解地膜前，喷施毒死蜱，喷洒浓度为30 wt%，剂量为3.8 kg/hm^2；6月中上旬，喷洒阿米西达，浓度为25 wt%，剂量为300 mg/hm^2。

（四）果实采收

对马铃薯抢收早收，以防烂薯、绿薯，6月底或者7月初收获。春马铃薯收获后不需收集残膜，生物降解膜会自动降解，减少残膜污染，节省回收地膜的成本。

21问 有机水稻全生物降解地膜覆盖栽培技术规程

（一）种植前准备

1. 育苗

4月底，选择抗病、高产的优质有机水稻品种；用浓度为1 wt%～1.2 wt%的石灰水对优质水稻品种进行消毒清洗处理。

用壮秧剂均匀拌种，然后在温室大棚中进行播种育苗，其中：育苗期间，保证温室大棚棚内温度在25～28℃，把握好揭膜时间，防止高温烧苗。

2. 平田整地

（1）整地

5月中旬，对稻田完成一次性施有机肥、耙地、水整地成泥浆状。

（2）泡田

水层保持7～10 cm，持续7～10天。

（3）排水

除去稻田留存的草籽和病虫源。

3. 全生物降解地膜选择

选择厚度为0.01 mm以上的黑色全生物降解地膜，安全期在70天以上，黑色透光率在5%以下，最大拉伸负荷（纵/横）均在1.5 N以上，初始透湿率为400 g/（m^2·24 h）以下。

（二）覆膜移栽

5月下旬，当温室大棚中的秧苗长至5～8 cm高、且有3～4片叶子时，使稻田水层保持在2～3 cm，借助覆膜移栽一体机进行水稻覆膜和插秧移栽，株距为30 cm×20 cm，一穴3～5株苗（图13）。

图13　东北有机水稻全生物降解地膜覆盖插秧

（三）管理措施

1. 水肥管理

整地环节中一次性施入优质有机肥，施肥量不低于2 t/hm^2，在水稻生长季，膜上始终保持2～3 cm水层（图14）。

2. 除草

采用生物降解地膜覆盖，高温除草。苗眼少量杂草通过人工除草。

图14　东北有机水稻全生物降解地膜覆盖栽培田间照片
（东北农业大学贾琰提供）

（四）适时收获

在水稻灌浆期，每亩用磷酸二氢钾0.2 kg兑水25 kg，叶面喷施，促早熟；95%以上的水稻颖壳呈黄色，谷粒定型变硬，米粒呈透明状，则可收割。

22问 北方旱直播水稻全生物降解地膜覆盖栽培技术规程

（一）种植前准备

1. 选地

选择地势平坦，土质肥沃，前茬对水稻没有药害、有膜下滴灌设备的地块；地块土壤pH值不超过7.5，硫酸盐的含量不超过0.3 wt%。

2. 品种选择

选择当地种植的旱作水稻品种，其要求比当地的插秧水稻品种生育期早熟7～10天、米质好、抗性强、产量较高。

3. 浸种

晒种时，清除秕谷、草籽和杂物，然后在晴天阳光下晒种3～4天（提高种子的发芽率和发芽势）；每50 kg水加食盐10 kg充分搅拌溶解后加入经过处理的稻种，捞除漂浮的秕谷和杂物，然后用清水将稻种洗净；用浓度为25%咪鲜胺2 000～3 000倍液（即2 mL兑水5 kg，浸种4～5 kg）浸种5～7天，捞出晾干用水稻种衣剂（如卫福或适乐时）包衣阴干，备用。

4. 整地

整地要细致，要土碎、地平、无明暗坷垃，用旋耕犁旋耕2遍。

5. 施肥

施肥时，通过施肥机将肥料混拌于至少20 cm深的耕层中，其中：腐熟农家肥的用量为2～3 m^3/亩；51%水稻复合肥的用量为20 kg/亩。

6. 全生物降解地膜选择

选择厚度为0.01 mm以上的黑色全生物降解地膜，安全期在70天以上，黑色透光率在5%以下，最大拉伸负荷（纵/横）均在1.5 N以上，初始透湿率为400 g/（m^2·24 h）以下。

（二）播种覆膜

1. 播种覆膜

用旱作水稻专用播种机播种，覆膜、铺滴灌管、播种覆土一次完成，每次播8行（4行×2行），大行距25 cm，小行距12 cm，相邻穴距12 cm（图15）。

图15　内蒙古自治区旱直播水稻全生物降解地膜覆盖播种

2. 播种时间

4月下旬至5月初，若距离地面5 cm处的温度稳定超过10℃，即可以开始播种。

3. 播种量

播种量为8～10 kg/亩，每穴播种15粒左右，播种深度不能超过3 cm。

（三）管理措施

1. 浇水追肥

（1）出苗水

播种完成后开始滴出苗水，滴水量为30 m^3/亩。

（2）出苗后滴水

一般根据降水情况，水稻生育期内需滴水5 ~ 6次，分蘖前期3 ~ 4叶、6 ~ 7叶期、分蘖期、拔节孕穗期和抽穗结实期滴水量30 m^3/亩。

（3）追肥

结合滴水追施氮钾肥2次，分蘖前期3 ~ 4叶氮肥追肥1次（5 kg/亩），6 ~ 7叶期追肥1次［（5 kg尿素+2.5 kg氯化钾）/亩］。

2. 适当控水

水稻4叶前可适当控水，水稻苗期旱长有利于保证稻苗的扎根和蹲苗，增强抗旱能力和抗倒伏能力（图16）。

图16　内蒙古自治区旱直播水稻全生物降解地膜覆盖栽培田间照片

3. 中耕除草

行间杂草可通过中耕犁中耕除草，苗眼少量杂草通过人工除草。

（四）适时收获

在水稻灌浆期，每亩用磷酸二氢钾0.2 kg兑水25 kg，叶面喷施，促早熟；95%以上的水稻颖壳呈黄色，谷粒定型变硬，米粒呈透明状，则可收割。

23问 烟草全生物降解地膜覆盖栽培技术规程

（一）种植前准备

1. 选地

选择生产标准化水平较高的地块。

2. 全生物降解地膜选择

选择厚度为0.01 mm以上的黑色全生物降解地膜，安全期在70天以上，黑色透光率在5%以下，最大拉伸负荷（纵/横）均在1.5 N以上，初始透湿率为400 g/（m^2·24 h）以下。

（二）栽前准备

1. 整地

整地要求土壤细碎平整，避免膜破损。

2. 施肥

农家肥、有机肥等要求提前15天施入并进行翻耕，避免与地膜直接接触，导致地膜过早降解。

3. 覆膜

覆膜严禁用力强行牵拉。风力较强地区，每隔两三米在垄面压盖少量土壤。

井窖制作。使用圆形打孔机，避免钻头缠绕导致地膜膜口撕裂。

培土上厢。采用农机具将地膜直接破坏埋入土壤，进行培土上高厢。

（三）栽后观察

每隔10天左右观察1次垄面地膜变化，有问题及时补救。

（四）采收后处理

及时清理烟地残膜和翻地，将地膜全部直接埋入土壤，促进地膜降解。

图17　云南玉溪峨山县烟草生物降解地膜示范核心区
（贵州烟草科学研究院高维常提供）

24问 春花生全生物降解地膜覆盖栽培技术规程

（一）种植前准备

1. 选地

选取壤土或沙壤土或沙土作为种植用地，要求地势平坦、质地疏松、通透性好。

2. 整地与施基肥

秋整地或春整地，使地表土壤平整、细碎，无根茎及杂草，结合耕作施入腐熟有机肥，施肥量为2 000～3 000 kg/亩，耕后精细整地镇压。

3. 全生物降解地膜选择

选择厚度为0.01 mm的无色或黑色全生物降解地膜，安全期在65天以上，最大拉伸负荷（纵/横）均在1.5 N以上，初始透湿率为400 g/（m^2·24 h）以下。

（二）播种覆膜

4月下旬至5月下旬，当5天内5 cm土层地温稳定在12℃以上时，采用花生滴灌铺管覆膜播种机完成起垄、喷施除草剂、施肥、覆膜、播种、镇压等工序（图18）。

图18 辽宁省阜新市春花生生物降解地膜示范核心区
（辽宁省农业科学院刘慧颖提供）

1. 起垄

垄距为40 ~ 60 cm，垄高为10 cm，垄底宽95 ~ 105 cm，垄面宽60 cm。

2. 喷施除草剂

除草剂为精喹禾灵，使用量为200 g/亩。

3. 施肥

每亩施入花生专用复合肥20 ~ 30 kg或每亩施入磷酸二铵15 ~ 20 kg和硫酸钾8 ~ 12 kg。

4. 覆膜

在垄上覆盖生物降解地膜，生物降解地膜宽幅90 ~ 110 cm，厚度不低于0.008 mm。

5. 播种

采用大垄双行种植，垄上覆膜种植两行花生，在垄上两行花生之间铺设一条滴灌带，播种密度为18 000 ~ 22 000株/亩，播种量为11 ~ 15 kg/亩。

6. 铺设滴灌带

滴灌管道根据地块的形状布设干管、支管，将支管与滴灌带布置成“丰”字形，滴灌带在支管两侧成对称布置，滴灌带铺设走向与作物种植方向同向，支管与作物种植垂直，干管布设方向与作物种植方向平行。

（三）管理措施

1. 灌溉与追肥

在春花生播种出苗期、开花至结荚期进行2 ~ 3次补充灌溉，其中：播种出苗期的灌水定额为10 ~ 15 m^3/亩，开花至结荚期的灌水定额为15 ~ 20 m^3/亩，结合灌溉，在始花期和结荚期分别追施尿素7 ~ 9 kg/亩，硫酸钾3 ~ 5 kg/亩。

2. 病虫害防治

春花生病害按照NY/T 2394进行防治，花生虫害按照NY/T 2393进行防治。

（四）适时收获

花生植株生长停滞，中下部叶片脱落，荚果饱果率达65% ~ 75%时及时收获，并回收滴灌带。

（五）用后处理

花生收获后，花生秧晾干后可以作为牛羊饲料，其中花生秧根部带出的生物降解残膜不需要处理。

25问 甜菜全生物降解地膜覆盖栽培技术规程

（一）种植前准备

1. 选地

选择地势平坦、土层深厚、结构良好、排灌方便的沙壤土。实行4年以上轮作，前茬以小麦、甜菜、棉花为宜，忌重茬、迎茬。

2. 土壤处理

播种前5天进行土壤处理，用96%金都尔（精异丙甲草胺）1 050～1 200 mL/hm^{2}兑水喷雾，进行土壤封闭处理，有效防除杂草滋生。

3. 种子准备

选择高产、高糖、抗病单粒品种，要求种子清洁率≥98%，发芽率≥85%。种子包衣处理。

4. 全生物降解地膜选择

选择厚度为0.006～0.008 mm的无色全生物降解地膜，安全期在40天以上，最大拉伸负荷（纵/横）均在1.5 N以上，初始透湿率为400 g/（m^2·24 h）以下。

（二）播种覆膜

1. 播期

当土壤5 cm处地温稳定在10℃以上时适期播种。

2. 播种覆膜

播种、覆膜、铺滴灌带同步操作，株行配置：采用一膜两行，膜上点播，播深1.5 cm，播后不覆土或少覆土，10～15 m打横截带压膜，防大风揭膜。行距设置为50 cm等行距，株距21 cm，每公顷保苗株数75 000～90 000（图19）。

图19　新疆自治区昌吉州甜菜生物降解地膜示范核心区
（中国农业科学院西部农业研究中心刘晓伟提供）

（三）管理措施

1. 滴水

底墒不足需滴出苗水150～225 m^3/hm^2，生育期水根据土壤湿度滴水7～8

次，间干间湿，滴水量375～450 m^3/hm^2，收获前控制滴水。

2. 施肥

生育期追肥，随水滴施，尿素380 m^3/hm^2，磷酸二氢钾180～225 m^3/hm^2；结合病虫害防治喷施叶面肥。

3. 中耕除草

根据杂草的发生、生长规律，机械中耕除草1～2次。

4. 病虫害防治

甜菜病虫害有立枯病、白粉病、褐斑病、地老虎、甜菜甘蓝夜蛾及叶螨等。针对甜菜病害防治主要措施为秋翻、冬灌，不连作、不迎茬。选用抗病品种、合理药剂防治。

（四）适时收获

1. 收获时间

最佳收获期是10月中下旬。块根增长缓慢并趋于停止，质地变脆，块根重量和含糖率达到最高水平。当田间80%以上植株具有成熟期特征时应及时收获。

2. 收获方法

采用高效优质起拔机械，做到甜菜起拔、攒堆、运送及时，避免块根曝晒、块根失水或块根拉运过晚、遭受冻害，品质下降。

26问 大蒜全生物降解地膜覆盖栽培技术规程

（一）种植前准备

1. 选地

选择在地势较高、地面平坦、土质疏松、土壤肥沃、酸碱适宜、排灌方便和通风良好的地块。大气、土壤、水质条件均符合绿色食品产地质量标准。

2. 品种与备种

选择个头大、瓣大、瓣齐的蒜头作为种蒜，按大小瓣分级播种，临播种前将蒜瓣用清水浸泡1天，捞出晾干表面水分。

3. 整地施肥

在前茬作物收获后，每亩施优质有机肥100 kg、复合肥料50 kg作底肥，撒施均匀后立即进行耕翻，耕深20 ~ 30 cm，细耙细耧2 ~ 3遍，使肥料与土壤充分混匀，做到地面平整，上松下实。

4. 作畦

采用平畦栽培，畦宽1.0 m或2.0 m，畦埂宽20 ~ 30 cm，高15 cm。

5. 选种

在播种前，要从选种的蒜种中选择蒜瓣肥大、芽饱满、色泽洁白、无病斑、无伤口的蒜瓣作种。严格剔除发黄、发软、虫蛀、有伤、茎盘变黄及霉烂的蒜瓣。

6. 全生物降解地膜选择

选择厚度为0.01 mm的无色全生物降解地膜，安全期在120天以上，最大拉伸负荷（纵/横）均在1.5 N以上，初始透湿率为400 g/（m^2·24 h）以下。

（二）播种覆膜

1. 播种期

一般在9月下旬至10月上旬播种，秋分至寒露为播种适宜期。

2. 播种密度

确定密度时，必须考虑品种特点、播期早晚、土壤肥力及肥水条件多种因素。一般每亩3万～4万株，行距18～20 cm，株距6～8 cm，每亩用种量150 kg左右。

3. 播种方法

畦内按行距开深3 cm的浅沟，在沟内浇透水，待水渗下后，按株距将蒜瓣种在沟内，然后在其上均匀撒一层1.5～2.0 cm的细土。

图20　山东大蒜全生物降解地膜覆盖栽培

4. 覆膜

播种完进行人工覆膜，铺设时地膜张紧适度、紧贴土床，可每隔2～3 m压盖适量土壤防风（图20）。

（三）管理措施

1. 发芽期管理

播种后一般7～10天蒜苗出土。要求土壤保持湿润，但田间不能积水。

2. 幼苗期管理

以培育壮苗为目的，控制浇水，促进根深苗壮，确保安全越冬；小雪前后土壤封冻时，可浇冻水，以畦面不结冰为准；第二年天气转暖，气温回升到1℃以上时，逐渐撤去覆盖物，春分前后，浇返青水。

3. 及时浇水

采薹后立即浇催头水，以后每5～6天浇水1次，直到收获前1周停止。在收蒜头前1～2天适量浇水，以疏松土壤，方便收获。

4. 病虫害防治

在生产过程中采用人工捕捉、汞灯诱虫等物理方法进行捕杀、诱杀。在物理方法不能确保防治的前提下，可以采取化学方法进行防治。必须符合绿色食品安全用药准则的要求。杂草采用二甲戊灵乳油以100 mL/亩用量喷施防治。叶枯病采用10%苯醚甲环唑水分散粒剂30 g/亩，加水50 L，于发病初期均匀喷雾防治。根蛆采用70%辛硫磷乳油以360 mL/亩用量灌根冲施防治。

（四）适时收获

采薹后20天左右，大蒜的底叶枯黄脱落，假茎松软，这时为收获蒜头的适期，一般在收获前1～2天浇小水1次，使土壤湿润松软，用手提拉假茎，拔起蒜头；若土壤干硬，应用镢、锨等工具挖松蒜头根际泥土，再行拔起。收获时轻拔轻放，防止蒜头受伤。

图21　山东大蒜全生物降解地膜覆盖栽培田间照片

27问 鲜食玉米全生物降解地膜覆盖栽培技术规程

（一）种植前准备

1. 选地

选择在地势平坦、土层深厚，土壤保水保肥能力强、坡度在15°以下的地块，不宜选择坡耕地、石砾地。

2. 品种

选择中早熟品种，生食、熟食均可，口感甜爽脆嫩、皮薄且无渣，可满足市民更加高端的需求。

3. 整地施肥

在前茬作物收获后，每亩施优质有机肥100 kg、复合肥料50 kg作底肥，撒施均匀后立即进行耕翻，耕深20～30 cm，使肥料与土壤充分混匀，做到地面平整，无坷垃、根茬。

4. 全生物降解地膜选择

选择厚度为0.01 mm的无色全生物降解地膜，安全期在70天以上，最大拉伸负荷（纵/横）均在1.5 N以上，初始透湿率为400 g/（m^2·24 h）以下。

（二）播种覆膜

1. 播种要求

播种时间、播种量、播种方法按照DB15T 1532规定执行。

2. 覆膜要求

覆膜时地膜要紧贴地面，拉紧铺平，压紧压实，避免出现断裂、破损。覆膜播种机符合JB/T 7732的规定。

（三）管理措施

1. 除草

播种时喷施专用除草剂进行苗前封闭除草。在鲜食玉米3～5叶期，根据田间杂草生长情况在膜间进行中耕除草。

2. 病虫害防治

种子包衣防治地下害虫和丝黑穗病，按照GB/T 15671执行。玉米螟防治按照GB/T 23391.3执行。农药使用符合NY/T 1276要求。

（四）残膜处理

结合整地，灭茬、翻耕，促进残膜降解。

图22　东北鲜食玉米全生物降解地膜覆盖栽培田间照片
（青冈市农业技术推广中心孙振兴提供）

28问 全生物降解地膜降解性能观测方法是什么?

（一）降解阶段划分与降解状况

阶段A——诱导期，即从覆膜到垄（畦）面地膜出现多处（每延长米3处以上）≤2 cm自然裂缝或孔洞（直径）的时间。

阶段B——开裂期，即垄（畦）面地膜出现≥2 cm、<20 cm自然裂缝或孔洞（直径）的时间。

阶段C——大裂期，即垄（畦）面地膜出现大于20 cm自然裂缝的时间。

阶段D——碎裂期，地膜柔韧性尽失，垄（畦）面地膜出现碎裂，最大地膜残片面积≤16 cm^2的时间。

阶段E——无膜期，垄（畦）面地膜基本见不到地膜残片的时间。

（二）地膜降解情况观测

每个小区选择一个固定样点利用固定框（50 cm × 50 cm）进行定点照相。每次观测均采取垂直俯视方法拍摄一组照片，直至无膜期。每次拍照后，应对照片进行标注（膜样编号、拍照日期、降解状况），发现问题及时补救。在覆膜后0～30天，每10天进行一次观测照相；31天起，每5天进行一次观测照相，直至诱导期结束。以后恢复每10天进行一次观测照相，直到收获，形成评价地膜降解时间序列表和地膜降解情况调查表。

29问 全生物降解地膜环境安全影响如何评价？

采用实验室标准化体系，以全生物降解地膜粉料与土壤的混合物为培养基质，通过对土壤动物、植物、微生物分别培养一段时间后，检测其生存、繁殖、关键生态过程等急性与慢性毒性，评价该全生物降解地膜土壤环境安全性。

（一）蚯蚓毒性实验

1. 实验蚯蚓

蚯蚓品种选用赤子爱胜蚓（Eisenia foetida），要求蚯蚓来源明确、健康、带有明显环带、规格整齐、同一批次。实验中选用2～3月龄，体重（400±50）mg，带有明显环带的健康成熟蚯蚓。购买的蚯蚓需要在实验环境中预先培养至少7天，以适应实验环境，实验前一天将蚯蚓放置于空白土壤中培养24 h进行清肠。

2. 培养条件

蚯蚓毒性实验可采用聚丙烯无色透明塑料盒，尺寸建议为长20 cm×宽10 cm×高10 cm，盒身两侧分别设置15个通气孔，盒盖设置少量通气孔，每盒装入等量对照或实验土壤，装土高度5 cm。设置培养条件为温度（20±2）℃，空气湿度60%～80%，光照强度400～800 lx、光照周期

12/12 h，培养基质水分含量保持在最大持水量的30%～40%。

3. 急性毒性实验

将实验蚯蚓放入准备好的实验塑料盒中，保证各组实验蚯蚓年龄、体重、活力均匀一致。每个实验处理中放入10条蚯蚓，每个处理重复4次。

培养过程中每周定期放入5 g腐熟的湿润牛粪进行喂食，在培养0天、7天、14天时统计存活蚯蚓数量（若针刺无反应即视为死亡），以及存活蚯蚓的个体重量。

4. 慢性毒性实验

在蚯蚓急性毒性试验基础上继续培养，在第21天统计成年蚯蚓存活数量、存活蚯蚓个体重量；在培养第28天统计成年蚯蚓存活数量、存活蚯蚓个体重量，蚓茧数量，之后取出各处理中所有成年蚯蚓，仅放回各处理蚓茧，继续培养；至第56天统计小蚯蚓孵化数量及各实验处理小蚯蚓总重量。

（二）植物毒性实验

1. 受试植物

选择至少一种双子叶植物和一种单子叶植物开展植物毒性检测，要求种子来源明确、规格均一、饱满、无包衣。适合在实验室条件下进行测试，并在实验室内和不同实验室之间均可获得可靠的、重现性好的测试结果。

2. 培养条件

采用陶盆或紫砂盆进行植物培养，盆体尺寸建议直径15～20 cm、高为15～20 cm，底部有孔，孔洞处垫1～2层大小适宜的清洁纱窗布，以防止土壤漏出。盆底垫有托盘或小圆盘，用于向土壤中补充水分或营养液。每盆装入土壤重量保持一致，土壤厚度10～12 cm。

培养条件可在温室或人工气候箱中进行，应模拟植物正常生长所需的环境或典型环境条件，温度23～28℃，空气湿度60%～70%，培养基质水分含量保持在最大持水量的50%～70%。具体温度、湿度及水含量等依作物品种与习性确定。种子萌发时建议采用暗培养，光照强度<800 lx；幼苗生长至作物成

熟时期采用光照培养，光照周期16/8 h，光照强度10 000～20 000 lx。每周更换盆钵位置1～2次，以防止不均匀的光照、温度、湿度或通风条件对实验植物生长的影响。

3. 急性毒性实验

每盆播种15～30棵，播种位置排列整齐、分布均匀，播种深度0.8～1.2 cm（或根据种子类型确定），放置于培养条件，每个处理重复4次。当对照土壤中种子萌发率达到50%时，统计对照及实验土壤种子发芽率。

当对照土壤中种子萌发率达到50%后第14天，间苗并统计各处理幼苗生物量。注意间苗时将幼苗连根挖取，不要损伤其他幼苗；用清水轻轻洗去根部土壤，放吸水纸上去除多余水分，统计根部（茎基部底端至根尖）长度、生物量，地上部长度、生物量。

4. 慢性毒性实验

继续培养至植株成熟。其间每2周记录植物露土部分植株高度，观察植株有无受损（发黄、枯萎等）性状。当对照土壤中植物材料50%发育成熟时，对所有实验处理植物材料分别进行取样检测，测试指标包括：根部（茎基部底端至根尖）长度、生物量（鲜重、干重），地上部株高、生物量（鲜重、干重），籽粒或果实（或果荚）数量、平均鲜重。

（三）微生物毒性实验

1. 微生物平板计数

以磷酸盐缓冲液或生理盐水制备土壤匀液，分别采用牛肉膏蛋白胨琼脂培养基、马丁氏培养基、改良高氏1号培养基培养细菌、真菌、放线菌。对每个培养皿中可见菌落计数，计算每种稀释度下菌落均值，并根据稀释度计算每克土中相应种类微生物的数量。

2. 微生物量碳检测

按照GB/T 32723第5、6、7、8条的规定进行。

3. 土壤硝化作用潜势

用一组7个25 mL容量瓶，分别加入不同量的亚硝酸盐标准液，并对应加入2 mL的KCl溶液（mol/L），向每个容量瓶中加入5 mL显色剂，充分混合，在室温条件下静置15 min。用分光光度计在波长为540 nm处比色，NO_2^-含量（μg/mL）为横坐标绘制校准曲线。

称取过筛2 mm新鲜土5 g，置于100 mL的三角瓶中，加入20 mL含有1 mmol/L $(NH_4)_2SO_4$的磷酸缓冲溶液和1 mL的$KClO_3$（0.2～0.4 mol/L），混匀，以乙烯薄膜密封瓶口，扎4～5个小孔，然后将其置于25℃恒温震荡培养箱内培养24 h。培养结束后，用10 mL KCl（2 mol/L）浸提土壤，震荡1 h后过滤，取滤液2 mL置于25 mL的容量瓶中，加入5 mL显色剂充分混合，在室温条件下静置15 min后，用分光光度计在540 nm处比色测定其NO_2^-浓度。

另有原土的KCl浸提溶液保存在20℃下，等培养结束后一起测定NO_2^-含量。同时称取适量过筛土壤样品进行水分的测定。

30问 当前全生物降解地膜应用推广还存在哪些问题？

目前，全生物降解地膜已在北方春播马铃薯、东北春花生、棉花、新疆加工番茄、东北水稻和冬小麦开展了试验研究，研究发现全生物降解地膜能减少土壤残膜污染，具有保温、保墒和促进作物生长和增产等作用，但全生物降解地膜降解特点以及覆膜作物产量的增产幅度存在显著差异，这可能是由于区域气候特点、覆膜方式、作物种类和灌溉方式等不同造成的。总体来说，全生物降解地膜应用能彻底解决地膜用后的残留问题，虽然具有与普通聚乙烯地膜相似的增温、保墒和抑制杂草功能，相比聚乙烯地膜“一膜打天下”，全生物降解地膜很难达到这样的效果，必须是根据作物需求和应用环境研制特定地区和特定作物的专用全生物降解地膜。

（一）产品抗拉强度有待于进一步提高

生物降解地膜的机械强度不够，无法进行规模化作业是生物降解地膜大规模应用的限制因子之一。由于基础材料本身的特性，大多数生物降解地膜抗拉伸强度不够，在一些以机械作业为主的农区，无法进行机械化覆膜作业，这个问题在新疆尤为突出。只有通过完善和改进地膜配方，提高地膜的抗拉伸强度，满足农机作业要求，才能为较大规模应用生物降解地膜创造条件。

（二）降解可控性与农作物需求存在差异

地膜覆盖的作用具有多方面，重点是增温、保墒和抑制杂草，为了实现地膜的这些功能必须保证覆盖的时间，否则就无法满足作物对地膜覆盖的功能要求。目前，大多数生物降解地膜破裂和降解可控性还存在问题，大量试验结果显示，现有的生物降解地膜产品破裂和降解过早，覆盖时间远低于作物地膜覆盖安全期，导致其功能无法发挥，对农作物生长发育和产量造成影响。

（三）产品增温保墒性能弱于聚乙烯地膜，需要进一步加强

试验结果显示，全生物降解地膜与普通聚乙烯地膜相比虽具有相似的增温、保墒功能，但还存在一定的差异，需要完善产品配方，提高产品的阻隔性，提高全生物降解地膜的增温、保墒性能。10 μm厚度生物降解地膜与8 μm厚的PE地膜覆盖的土壤温度存在显著不同，在没有作物冠层遮盖条件下，除11:00至16:00，两者的增温效果相同外，其余时间均是PE地膜覆盖土壤温度高于生物降解地膜覆盖的。利用模拟试验进行的水分保持试验结果也显示，生物降解地膜在保水性方面明显逊于PE地膜。

（四）产品成本需要进一步降低

全生物降解地膜的高成本是目前全生物降解地膜替代技术大规模推广应用的主要制约因素。一般情况下，生物降解地膜销售价格是普通PE地膜3倍左右，这是由地膜原材料属性、厚度等多因素决定的。一方面，需要通过原材料规模化生产、配方完善降低产品价格，另一方面，应综合评价地膜使用成本，明确生物降解地膜与普通PE地膜的成本差异，促进降解地膜的规模化应用。据调查和计算，日本普通PE地膜应用的总成本包括地膜产品购买成本和回收处理成本，两者各占50%，而生物降解地膜应用则无回收处理成本。在我国，由于劳动力相对便宜，加上大量普通PE地膜没有进行回收和处理，则突显生物降解地膜应用的高成本。随着普通PE地膜回收处理必要性提高，地膜回收处理法律法规的完善，以及农村劳动力成本提高，普通PE地膜与生物降解地膜应用的综合成本差异将会越来越小，生物降解地膜的应用将具有良好的前景。

参考文献

段义忠，张雄，2018. 生物可降解地膜对土壤肥力及马铃薯产量的影响. 作物研究，32（1）：23-27.

高尚宾，徐志宇，严昌荣，等，2020. 可降解地膜农田对比评价筛选及应用. 北京：中国农业科学技术出版社.

何文清，赵彩霞，刘爽，等，2011. 全生物降解膜田间降解特征及其对棉花产量影响. 中国农业大学学报，16（3）：21-27

何文清，严昌荣，赵彩霞，等，2009. 我国地膜应用污染现状及其防治途径研究. 农业环境科学学报，28（3）：533-538.

胡国文，周智敏，张凯，等，2014. 高分子化学与物理学教程. 北京：科学出版社.

靳拓，薛颖昊，张明明，等，2020. 国内外农用地膜使用政策、执行标准与回收状况. 生态环境学报，29（2）：411-420.

李凯灿，2016. 聚碳酸亚丙酯复合材料的制备及其发泡性能研究. 华南理工大学.

李铭轩，吉德昌，王政宇，等，2022. 生物降解地膜对土壤微生物丰度、活性及群落结构的影响. 农业环境科学学报，41（8）：1758-1767.

李淑慧，杨树荣，徐栋，2023. 生物可降解材料聚乳酸的制备及应用. 化工管理（5）：69-71.

刘会，刘宏金，王金玲，等，2021. 全生物降解地膜降解特性及其对水稻旱作产量的影响. 北方农业学报，49（1）：71-76.

刘勤，严昌荣，薛颖昊，等，2021. 中国地膜覆盖技术应用与发展趋势. 北京：科学出版社.

路露，韩荧，刘梓桐，等，2023. 两种新型生物降解地膜对番茄生长及土壤微生物、酶活性的影响. 山东农业科学，55（5）：101-106.

梅丽，董雯怡，周继华，等，2021. 生物降解地膜的性能及在北京鲜食玉米和甘薯生产上的应用. 中国农业大学学报，26（10）：54-65.

欧阳春平，卢昌利，郭志龙，等，2021. 聚对苯二甲酸-己二酸丁二醇酯（PBAT）合成工艺技术研究进展与应用展望. 广东化工，48（6）：47-48.

秦丽娟，2018. 华北集约农区马铃薯地膜覆盖安全期研究. 中国农业科学院.

秦玉升，王献红，王佛松，2018. 二氧化碳共聚物的合成与性能研究. 中国科学：化学，48（8）：883-893.

申丽霞，王璞，张丽丽，2011. 可降解地膜对土壤、温度水分及玉米生长发育的影响. 农业工程学报，27（6）：25-30.

苏海英，宝哲，刘勤，等，2020. 新疆加工番茄应用PBAT全生物降解地膜可行性研究. 农业资源与环境学报，37（4）：615-622.

孙涛，2015. 有色和生物降解地膜覆盖对花生产量形成与土壤微环境的影响. 泰安：山东农业大学.

汪敏，严旎娜，蒋希芝，等，2022. PBAT/PLA全生物降解地膜的降解性能及对石河子垦区棉花生长的影响. 农业工程学报，38（S1）：273-282.

王斌，2015. 不同类型地膜覆盖对春秋两季马铃薯产量和品质的影响. 泰安：山东农业大学.

王斌，万艳芳，王金鑫，2019. 全生物降解地膜对南疆花生产量及土壤理化性质的影响. 花生学报，48（2）：38-43，56.

王丹，2014. 可生物降解聚碳酸亚丙酯及其熔融共混纤维的制备与改性. 东华大学.

王星，吕家珑，孙本华，2003. 覆盖可降解地膜对玉米生长和土壤环境的影响. 农业环境科学学报（4）：397-401.

吴思，2020. PBAT生物降解地膜对土壤养分及微生物学性质的影响. 南京：南京农业大学.

武岩，靳拓，王跃飞，等，2021. 内蒙古阴山北麓马铃薯应用PBAT/PLA全生物降解地膜可行性分析. 生态环境学报，30（10）：2100-2108.

严昌荣，何文清，刘爽，等. 2015. 中国地膜覆盖及残留污染防控. 北京：科学出版社.

严昌荣，何文清，薛颖昊，等，2016. 生物降解地膜应用与地膜残留污染防控. 生物工程学报，32（6）：748-760.

严昌荣，刘恩科，舒帆，等，2014. 我国地膜覆盖和残留污染特点与防控技术. 农业资源与环境学报，31（2）：95-102.

严昌荣，梅旭荣，何文清，等，2006. 农用地膜残留污染的现状与防治. 农业工程学报，22（11）：269-272.

杨俊，刘维涓，饶骏晨，等，2017. 全生物可降解地膜在烤烟生产中的应用. 湖北农业科学，56（22）：4333-4337.

张妮，李琦，侯振安，等，2016. 聚乳酸生物降解地膜对土壤温度及棉花产量的影响. 农业资源与环境学报，33（2）：114-119.

张文峰，2002. 淀粉/聚己内酯可生物降解塑料的研究. 长沙：国防科学技术大学.

张宇，王海新，张鑫，等，2018. 全生物可降解地膜在花生栽培上的应用及其降解性能. 辽宁农业科学（4）：13-16.

赵彩霞，何文清，刘爽，等，2011. 新疆地区全生物降解地膜降解特征及其对棉花产量的影响. 农业环境科学学报，30（8）：1616-1621.

赵梓君，何文清，尹君华，等，2023. 基于文献计量分析中国全生物降解地膜研究发展态势. 中国农业大学学报，28（4）：57-67.

中华人民共和国农业农村部. 1993—2021. 中国农村统计年鉴. 北京：中国统计出版社.

朱立邦，2018. PBAT/PLA生物降解树脂增容改性研究. 泰安：山东农业大学.